假如动物会说话

我的家很温暖

绘世乐童 / 著

小乖 / 绘

北京理工大学出版社
BEIJING INSTITUTE OF TECHNOLOGY PRESS

目 录

CONTENTS

擅长预警的海象

大家好，我是小海象。我住在遥远的北极，那里一年四季都很冷，幸好我有一层厚厚的皮肤，皮肤下面还有一层更厚的脂肪，这可以为我保暖，虽然这让我看起来很胖，却能让我在寒冷的环境下生活。

我们海象喜欢大家庭，成百上千的海象生活在一起。我每天在水里游泳，饿了就找一些小虾和贝壳吃。我们并非无忧无虑，我们也很担心北极熊的偷袭，所以，

每次睡觉时我们都要安排一个哨兵值班。

记得有一次，我睡得正香呢，忽然被一阵吼叫声吵醒。那是值班哨兵在向我们发信号："北极熊来了！"我看着身边熟睡的哥哥姐姐们焦急万分，我也模仿着哨兵的声音吼叫，陆陆续续醒来的家人们也立即发出了同样的叫声，就这样，一传十，十传百，北极熊还没有靠近，家族的所有成员都已经跳进了海里，游向了远方。

我们成功地躲开了北极熊的袭击，事后，妈妈摸着我的头夸奖道："是你的叫声让大家摆脱了危险，你真是我们的小英雄！"

小朋友，如果你和朋友们正在一起午休，遇到突发情况，你会怎么样通知你的小伙伴呢？

爱护小宝宝的海豚

你好，我是海豚戴菲斯，告诉大家一个好消息，我妈妈要生可爱的小宝宝啦！在族长的指挥下，现在所有的海豚都忙着保护，因为这时候如果不注意的话，很可能会把鲨鱼放进来，鲨鱼不仅会攻击妈妈，还有可能吃了新出生的小宝宝呢。

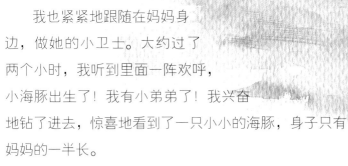

我也紧紧地跟随在妈妈身边，做她的小卫士。大约过了两个小时，我听到里面一阵欢呼，小海豚出生了！我有小弟弟了！我兴奋地钻了进去，惊喜地看到了一只小小的海豚，身子只有妈妈的一半长。

我想用额头去蹭蹭他表示友好，妈妈和其他海豚却一起将他顶起来，让他浮到了水面上，我赶忙问道："妈妈，你们这是要干什么呀？"妈妈说："要让你弟弟呼吸第一口新鲜空气啊，如果总是在水下待着，他可就憋坏了。"

在接下来的日子里，我时刻都跟在妈妈身边，陪着弟弟一起成长，既

小朋友，当我们发现
有人在海中遭遇溺水危
险，我们海豚会奋不顾身
前去搭救。记住，海豚和
陆地上的哺乳动物一样，
是用肺呼吸的。我们不是
鱼类哦！

担当起保护弟弟的任务，同时也能照顾妈妈。家族里的其他海豚也都
围绕在我们的周围，充当护卫。我们的家族很庞大，在这一片海域，
至少有几万只海豚在一起活动哦！难怪我跃出水面的时候就会发现身
边的朋友多得看不到尽头。我盼着快快和弟弟一起长大，拥有圆滑的
体型和强壮的背鳍，担当起保卫家族的重要任务！

我是小蜜蜂，你眼前这只黑黄相间的小昆虫就是我。看，这是我的伙伴们，它们是工蜂，是我们家族里最勤劳的人，蜂巢里的工作都是由它们完成的，比如采集食物、喂养幼虫、建造蜂巢等。在外面的敌人来攻击我们的时候，它们还是保卫家园的斗士。

勤劳可爱的小蜜蜂

我的妈妈是蜂王！她身材修长，姿态优雅动人。她对整个家庭的贡献很大。所以她的食物是最高级的。年轻的工蜂吃了蜂蜜和花粉，消化吸收后分泌出的浆状乳汁，专门供给妈妈，所以妈妈吃的是蜂王浆。

小朋友，你知道蜂蜜和蜂王浆是怎么来的了吗？

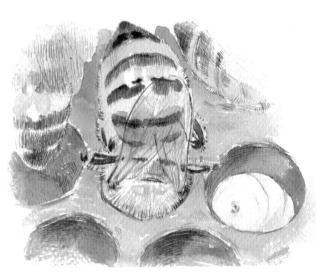

建筑专家小蚂蚁

我是小蚂蚁安特，别看个子小，我可是一个建筑专家呢。我的本事是跟工蚁姐姐们学的。蚂蚁家族中到处都是她们的影子，她们的触角和三对胸足都很发达，走路速度很快，还很有耐力，搬着重物也能走很远。

姐姐们负责建造巢穴，我们的巢穴由无数个相互连通的小房间组成，这些房间的功能不一样，有的用来存放食物，有的用来休息，还有的用来喂养小宝宝。这些小房间都是相通的，我可以到处串门，在巢穴里钻来钻去。

你知道吗，蚂蚁家族里有很多成员，有蚁后、雄蚁和工蚁，在整个大巢穴里，至少有 500 个成员呢。大家友好地生活在一起，每一只蚂蚁都在为这个大家庭做力所能及的事。

我们蚂蚁虽然很弱小，可如果团结在一起的话，力量就很强大，壮年的蚂蚁会照顾年老或年幼的蚂蚁。无论遇到什么困难，我们都不会分开。

小朋友，小蚂蚁这么团结，你会向我们学习吗？

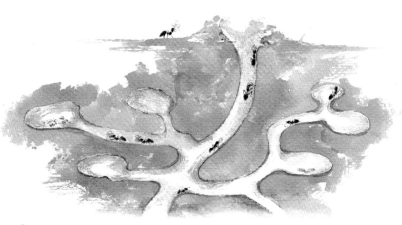

停不下来的金枪鱼

你好！我是金枪鱼塔尼。

我们金枪鱼游泳时要张着嘴巴，因为我们鳃部的肌肉不发达，如果不能让新鲜的水流快速地流过鳃部，我们就没法吸到足够的氧气，会憋坏的。

也许你会发问：睡觉的时候，金枪鱼是不是就没法呼吸了？哈哈，真是好问题，告诉你吧，我们

金枪鱼是不睡觉的！只要有充足的氧气和食物，就能连续不停地在大海里游动。正是因为日夜不停的锻炼，我们在水中穿行的速度能达到每小时 160 公里，比陆地上的汽车都要快呢！

　　虽然每天都不能休息，但我们一点也不觉得累，因为金枪鱼家族是一个很大的群体，在茫茫的大海中，为了生存而游泳的金枪鱼们都团结在一起，在遇到困难的时候，大家相互鼓励，我们几乎游遍了世界的每一个角落，所以，我们又被称为"没有国界的鱼类"。

　　小朋友，我的游泳速度奇快，猎豹都不是我的对手，你记住我的名字了吗？

爱唱歌的小青蛙

　　"呱呱呱——"知道我是谁吗？我的眼睛圆鼓鼓的，我的视力不太好，但是对飞行的小昆虫却非常敏感，我后腿蜷着跪在地上，前腿支起来，张着嘴巴静静地等待着，只要有蚊子飞过我的面前，我就会猛地向上一蹿，舌头快速地伸出来一翻，然后平稳落地。蚊子就被我吃进肚子里啦！没错，我就是一只会捉蚊子的小青蛙。

　　我跟家人生活在一起，家里有几十位成员，个个都是捉害虫的能手，我们是人类的好朋友。我们还是田野里著名的歌唱家。在炎热的夏天，我们会躲在草丛当中，时不时高歌一曲，歌声能传到很远的地方呢。

　　我十分喜爱我们的大家庭。大家一起捕食，一起唱歌，当有天敌来的时候，我们会躲藏在草丛中。我们的肤色是能变化的，比如说，在草丛里生活时间长了，皮肤就变成草绿色；在田地里生活时间长了，皮肤就会变成土黄色，这样想捕捉我们的敌人就很难看到我们了。

　　现在，我们生活的环境越来越差了，所以我们家族成员的数量越来越少。希望人类能创造更好的环境，让青蛙和人类能够幸福地生活在一起，像好朋友那样和平相处！

　　小朋友，为了我们有更好的明天，请你呼吁人们保护环境哦！

水里的"大肚汉"——河马

我是喜欢泡在水里的河马，因为水里凉快舒服，我的皮肤缺水就会干裂！所以，我们会生活在有河流和湖泊的地方。

我有一张大嘴巴，如果看到好吃的，我嘴巴张得更大。那些又嫩又绿的水草是我的最爱，我每天要吃 80 多公斤的水草才能饱。

平时我跟家人生活在一起，我们习惯白天休息，晚上出来活动。由于我们的饭量太大，有时候周围的水草不够，我们会一起顺着水流往远处游，一边玩耍一边寻找吃的。我们的门牙和犬齿都很长，有一些偷猎者为了得到这些珍贵的牙齿，会来捕捉我们。为了不被捉到，我们会把耳朵和鼻孔闭起来，悄悄地潜入水下，在水下慢慢前行，我们可都是潜水高手，一次可以在水下憋气 5 到 10 分钟呢！

有一次，我正跟家人在水里寻找食物，有一条木船朝我划了过来，船上的人拿着武器，想要抓住我。这时候，我的家人们挺身而出，他们气愤地朝那条木船撞过去，还张大嘴巴咬着船身。结果木船被咬坏了！他们的团结作战让我平安脱险！

小朋友，河马也是会攻击别人的，所以，在没有大人保护的时候，还是不要和我们见面为好！

躲避海鸟的绿海龟

我是绿海龟特提。我身上背着一个巨大的扁圆形龟壳，这个壳能保护我，每当遇到敌人的时候，我就会把头和四肢都缩进龟壳里，那些凶猛的鲨鱼就咬不到我啦。

绿海龟能活100多岁呢，是大海里有名的寿星。我每天都在努力找吃的，在大海里，我最喜欢吃的东西就是海草，偶尔也会吃一些小鱼小虾。我从来不挑食，所以身体壮壮的。

虽然绿海龟一辈子都生活在海里，但我们可都是从陆

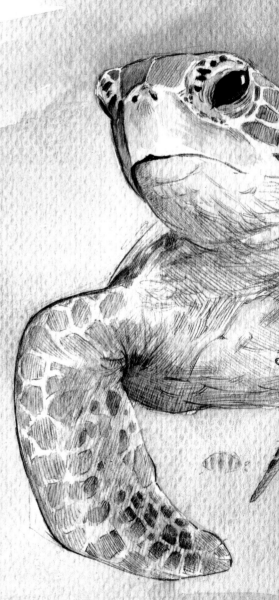

地上来的。在繁殖的季节，我们的妈妈会从海里游出来，在灌木林边上挖一些小坑，把卵产在里面，然后盖上土，之后妈妈再返回大海里。

一两个月后，我和兄弟姐妹们就破壳而出了。我们

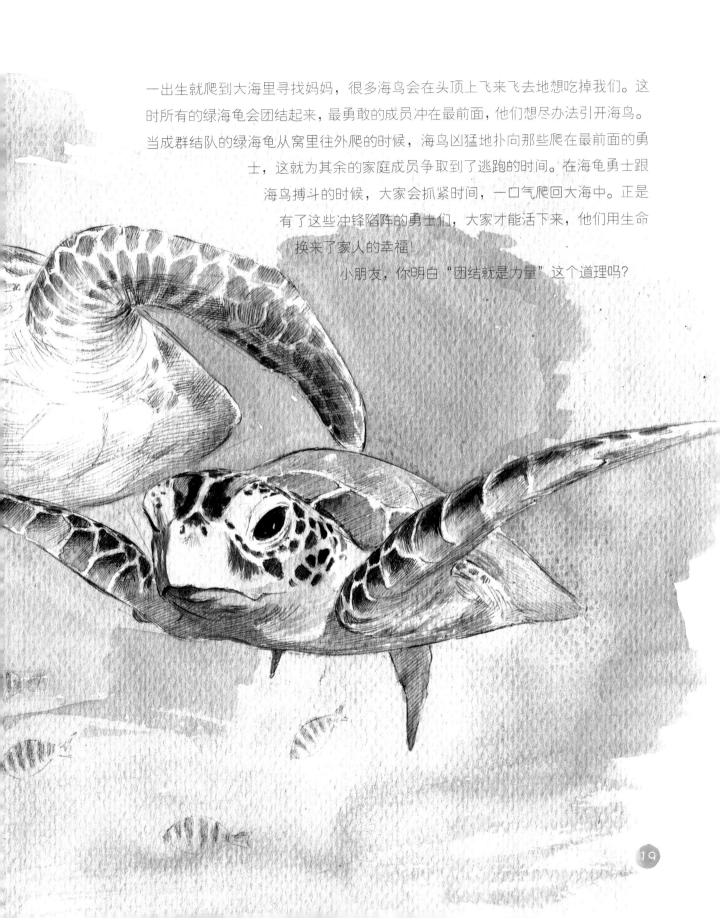

一出生就爬到大海里寻找妈妈，很多海鸟会在头顶上飞来飞去地想吃掉我们。这时所有的绿海龟会团结起来，最勇敢的成员冲在最前面，他们想尽办法引开海鸟。当成群结队的绿海龟从窝里往外爬的时候，海鸟凶猛地扑向那些爬在最前面的勇士，这就为其余的家庭成员争取到了逃跑的时间。在海龟勇士跟海鸟搏斗的时候，大家会抓紧时间，一口气爬回大海中。正是有了这些冲锋陷阵的勇士们，大家才能活下来，他们用生命换来了家人的幸福！

小朋友，你明白"团结就是力量"这个道理吗？

优雅美丽的白天鹅

　　我是白天鹅斯旺，来自遥远的西伯利亚。那里的冬天非常寒冷，所以，秋天的时候我会跟着家人飞往中国的南方。当你抬头看到天空中有一群大鸟，长着洁白的羽毛和细长的脖子，一边飞舞一边唱歌，那就是我们，纯真、善良又高贵的白天鹅。

　　在旅行的过程中，整个天鹅家族就是一个大集体，不

管遇到多大的困难，我们都不会抛弃任何一个成员。有一次，我们飞过一座山峰的时候，天空中忽然下起了大雨，一阵大风毫不留情地刮了过来，冷空气把我冻得发抖，我翅膀僵硬，越飞越低，感觉快坚持不下去了。

我的家人发现了以后，纷纷发出警报，他们飞到我身边，替我挡住寒风，族长不断地鼓励我："斯旺，坚持下去，飞过这片天空就暖和了，前面就是美丽的江南！"我无力地说："天气太冷，我飞不动了，你们走吧，不要管我了！"族长说："斯旺，你是家族中宝贵的一员，我们无论如何都不能抛下你，振作起来！"其余天鹅也都纷纷说道："斯旺，风雨没什么可怕的，可怕的是没有战胜风雨的信心，加油！"

我重新找回了勇气，穿越风雨，继续前进。就这样，我们飞过了高山湖泊，终于来到了温暖的南方！

小朋友，当你和朋友外出游玩时，如果有个队友体力不支要掉队，你会怎么做呢？

南极主人企鹅

你听说过有不会飞的鸟吗？我们企鹅就是其中之一，我们的家在寒冷的南极。

我们后背是黑色的，肚子是白色的，就像穿着一身漂亮的燕尾服，有人称我们为"穿着燕尾服的绅士"。一大群企鹅聚在一起的时候，不知道的还以为我们在举办宴会呢。不过一旦碰到危险，我们就顾不了那么多了，我们会连滚带爬地忙着逃跑，场面非常混乱。

我最爱吃的食物是南极虾，它的味道非常鲜美，是南极的特产。乌贼和小鱼味道也不错，营养也很丰富哦。

我们很喜欢集体生活，成千上万只企鹅聚集在一起，远远看去非常壮观。我们也很喜欢迎接同类加入我们，不过有一个规矩，那就是它在加入之前，必须先给大家表演舞蹈，或是唱歌。曾经有个胖胖的小企鹅盆格温路过我们这里，它来自几公里之外。他来到我们的队伍里，放开嗓子对着天空唱了起来，歌声非常动听，一下子打动了我们。现在，我们已经是好朋友啦！

小朋友，你在联欢会或是家庭聚会上，愿意为你的朋友或家人表演一个精彩的节目吗？

爱吃竹子的大熊猫

你好，我是中国的国宝——大熊猫，我叫潘德。我全身上下只有黑白两种颜色，我胖嘟嘟的，肚子圆滚滚的。你发现了吗？我还戴着一副大墨镜呢。

我们大熊猫家族有着悠久的历史，在地球上至少生存了800万年。想想以前，我们的家族可是非常庞大的，但现在全世界野生的大熊猫已经少得可怜了，一共也不到1600只了。因此，我们被列为国家一级保护动物，人们正在竭尽全力地保护我们不受伤害，用心地为我们创造好的生活环境。

别看我的样貌又胖又憨，我们可一点都不笨哦，行动起来非常灵活。我能够摆出各种可爱的姿势，比如把腿撑在树上，然后用手遮住眼睛，这可是很有趣的，好多小朋友都喜欢模仿我的这个动作呢。

我平时和家人生活在一起，我最大的乐趣就是和家人一起吃饭。大熊猫家族是著名的"吃货"，竹子是我们最爱吃的食物，你可不要以为只吃竹子很单调哦，其实竹子的种类有很多，我能叫出名字来的就有冷箭竹、八月竹、毛竹、刺竹、苦竹、淡竹。每当到了吃饭的时候，我

和我的家人们都会非常高兴，我们凑在一起，有时候你争我抢，有时候你推我让，快乐地享受着
美味的食物，场面非常热闹。

　　小朋友，你听过《熊猫咪咪》这首歌吗？歌曲唱的是有一年竹子大面积开花枯萎，熊猫面临
饿死的危险。为了我们熊猫的繁衍，请保护好竹林吧。

甜食专家小熊猫

大家好，我是小熊猫，你们可别把我跟大熊猫弄混了，我们可是两种不同的动物哦。

我长得很像猫，但是比猫胖，个子也比猫大。我们的毛是红褐色的，脸上有一些白色的斑纹，我们的耳朵很大，四条腿却又短又粗。我还长着一条长长的尾巴呢，上面有 12 条红暗相间的纹，尾尖是深褐色的，很漂亮吧？

我平时最喜欢晒太阳，我能爬山能爬树，有时候会爬到山崖，有时候会爬到树顶。这些地方一般人可是上不去的，高处的阳光非常充足，我和家人们在上面待好久，居高临下，边晒太阳边欣赏着美景。

玩累了，我们就会找个大树洞或者石洞钻进去，睡上一整天。我们睡觉的时候会把头蜷在四肢当中，然后将毛茸茸的尾巴盖在身上，就像盖上被子一样，可舒服了。

我们还是一群"小吃货"呢！箭竹是我们最喜欢吃的食物，我们也喜欢各种瓜果。夏天我们会充分发挥攀爬的特长，找遍每一棵大树来采摘鲜果，然后大家一起分享。

小朋友，你会和你的朋友分享你最爱吃的零食吗？

水坝工程师——河狸

我是河狸，我的名字叫比沃，我的眼睛很小，门牙却又大又锋利，我在两个小时内就可以咬断一棵小树，朋友们都叫我"小锯木机"。

河狸生活在河边，因为河边有很多树木，树根和树皮就是我们

最爱吃的东西。当然，我们有时也会换换口味，去尝尝水生植物。

在陆地上我的行动有点缓慢，但是一跳进水里，游泳和潜水都不在话下，出生我就不怕水，在水里跟小伙伴们你追我赶，一起玩游戏，可有趣啦。

我们河狸的家庭观念很强，我们不会随随便便找个地方就住下，而是会用心盖好房子，很多人都管我们叫"野生世界中的建筑师"呢。

我们还会在浅水区筑一些小水坝，

挡住快速流动的河水。有时候，水坝建得不是很结实，就会被水冲开。这时候，家庭里所有的成员都会跑出来，迎着水流，争分夺秒地修水坝。这是非常紧迫的事情，因为如果一个地方垮塌了，别的地方很快也会受到牵连，不赶紧修好，整个大家庭都会遭殃的。所以，全家上下都投入到劳动中去，大家一起喊着口号，干得热火朝天的。

小朋友，你愿不愿意和朋友一起搭建一座积木房子呢？

集体意识很强的袋鼠家族

　　我是来自澳大利亚的袋鼠，我的名字叫坎格鲁。我的肚皮上有一个袋子，那是育儿袋，是用来养活刚出生的小宝宝的。当然啦，只有女袋鼠身上才会长这个育儿袋，因为小宝宝都是妈妈带。我们还是有名的跳高运动员，平时跑步都是跳着跑的，可以跳到 4 米高，最远可以跳到 13 米，是跳得最高最远的哺乳动物。

　　我生活在一个有几十名成员的大家族中。我们袋鼠是一种集体意识很强的动物，我们家规很严呢。比如说，如果有人离开家很久没有回来，家族里的所有人都会很生气，他回来以后，就会受到严厉的惩罚。

　　有一次，我因为贪玩而离开家族去了远处玩耍，等我发现的时候自己已经迷路了。当时我害怕极了，因为草原上随时都危险，如果不及时回到家中，会非常危险的。

我凭着记忆，绕了好多路，终于在黄昏时分发现远处有一群袋鼠，仔细一看，那正是我的家族，我激动地跳了过去，妈妈看到我回来了，跳过来哭着对我说："坎格鲁，你这是去哪儿了？好几天都找不到你，可急死我们了！"家族里的其他成员聚了过来，毫不留情地把我狠狠地批评了一顿，我心里难受极了。不过这之后，他们又给我送来了新鲜的食物，让我感到了集体的温暖，我再也不会擅自离开家让他们担心了。

　　小朋友，谁是陆地上的跳高跳远双料冠军啊？你记住我的名字了吗？

图书在版编目（CIP）数据

我的家很温暖/绘世乐童著；小乖绘.—北京：北京理工大学出版社，2017.6
（假如动物会说话）
ISBN 978 - 7 - 5682 - 3901 - 1

Ⅰ.①我…　Ⅱ.①绘…②小…　Ⅲ.①动物—儿童读物　Ⅳ.①Q95 - 49

中国版本图书馆CIP数据核字（2017）第072474号

出版发行 / 北京理工大学出版社有限责任公司	
社　　址 / 北京市海淀区中关村南大街5号	
邮　　编 / 100081	
电　　话 / （010）68914775（总编室）	
（010）82562903（教材售后服务热线）	
（010）68948351（其他图书服务热线）	
网　　址 / http://www.bitpress.com.cn	
经　　销 / 全国各地新华书店	
印　　刷 / 北京市雅迪彩色印刷有限公司	
开　　本 / 889毫米×1194毫米　1 / 16	
印　　张 / 2.25	责任编辑 / 杨海莲
字　　数 / 40千字	文案编辑 / 杨海莲
版　　次 / 2017年6月第1版　2017年6月第1次印刷	责任校对 / 周瑞红
定　　价 / 35.00元	责任印制 / 李志强